AF602988

AGRICULTURE

MAUX ET REMÈDES

PAR

L. S. FOUBERT-ROUSSON

Avocat à Bourges

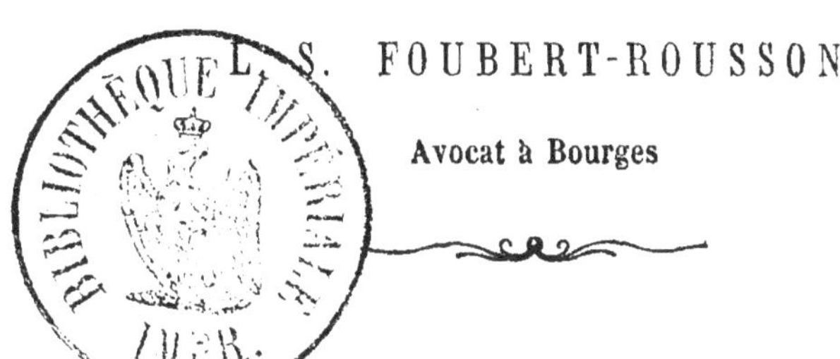

Dans la séance du 10 février un membre du Sénat s'exprimait ainsi :

« Le Pouvoir convie tous les esprits à l'étude des pro-
« blèmes économiques que soulève la question agricole. »

Il est reconnu de tout le monde que, depuis l'abondante récolte de 1863 et celles qui l'ont suivie, le blé est tombé à un prix qui n'est plus rémunérateur.

Le Gouvernement, les producteurs, les consommateurs ont intérêt, un intérêt de premier ordre, à mettre au jour les causes qui ont amené la crise, l'avilissement du prix du blé ; et quand l'on dit l'avilissement du prix du blé, il faut s'entendre : la question est complexe en ce sens, que le prix n'a cessé d'être rémunérateur qu'en raison de celui fort élevé de la main-d'œuvre agricole. En effet, le prix de 16 fr. 41 c. l'hectolitre dans les temps antérieurs n'avait rien d'insolite, et il n'avait, même plus bas, jamais donné lieu à des plaintes de la nature de celles que font partout et unanimement entendre les producteurs.

Sous le bénéfice de cette observation, et dans l'état des choses, il faut remonter aux causes qui ont amené chez nous ce prix de 16 fr. 41 c. si décrié.

Depuis le traité de commerce et le libre-échange c'est à lui qu'en général l'on s'en est pris en France. C'est une erreur mise dans le plus grand jour par les débats mémorables du Corps législatif. La balance de notre commerce extérieur est tout à notre avantage, ainsi que l'établissent les relevés publiés par l'État, et nous sommes même en signalés progrès.

Aujourd'hui il y a un million cinquante-huit mille quintaux métriques d'importation.

L'exportation est de près de cinq millions de quintaux pour le blé.

L'importation des grains ne payant pas un sou (orge, seigle, avoine), est de cinq cent mille quintaux.

L'exportation de deux millions de quintaux, c'est-à-dire le quadruple exporté.

Si à ces produits l'on ajoute le bétail, l'on verra que nous avons exporté pour 452 millions et importé seulement pour 100 millions.

Néanmoins, l'opinion généralement admise que le traité commercial a une énergique action sur le mouvement des prix, a dû, doit évidemment contribuer à en abaisser le niveau, par cette raison toute simple que celui qui a besoin de vendre une marchandise et qui, sur le marché craint un concurrent, — quoiqu'il ne doive point venir, — cote au plus bas sa demande. A part cette influence, le libre-échange n'est pour rien dans le bas prix des grains, et, pour les plus incrédules, pour quiconque n'ajouterait point foi aux relevés statistiques, la meilleure, la plus palpable de toutes les preuves que l'on en puisse donner, c'est que l'avoine, qui, à l'entrée, ne paie absolument rien, est à un prix excessivement élevé, tandis que le blé, qui paie un droit, est au plus bas prix.

La question des tarifs ou, ce qui est la même chose, le libre-échange, est donc tout à fait désintéressé, il n'est donc pour rien dans l'abaissement du prix; l'on doit ajouter au contraire qu'il a dû avoir, qu'il a eu nécessairement pour effet de l'empêcher de tomber plus bas encore, puisqu'il est avéré que nous exportons plus que nous n'importons. De cette façon, et en procédant par exclusion, nous arriverons aux véritables causes de l'abaissement des prix dont on se plaint.

CE QUI CAUSE LE BAS PRIX DU BLÉ.

Il y a plusieurs raisons qui causent la baisse du prix du blé; la première, l'irréfragable, c'est que, dans un pays essentiellement agricole et de grande population, comme la France, c'est l'abondance des récoltes qui seule fixe, détermine et règle le prix des blés. Or, la France a produit beaucoup dans ces trois dernières années; le blé récolté a été propre, pesant et beau ; il est vrai que dans certaines contrées, dans les greniers encombrés, les chaleurs de l'été prolongé de 1865 ont donné naissance aux ennemis naturels du blé, au papillon, au charançon, ce qui a contraint les détenteurs de ces denrées compromises à les vendre à n'importe quel prix, pour préserver les blés sains, circonstance qui, chose fâcheuse, a dû ajouter son poids à celui déjà trop lourd de la baisse résultant d'une grande abondance de produits.

Ainsi, il est certain que les dernières récoltes, abstraction des quantités ensemencées, ont été très-favorables, très-abondantes; que les économies successives qu'elles ont permises forment aujourd'hui un stock important. Ce n'est pas tout.

Il convient d'ajouter à ces éléments d'abondance, due à des saisons propices, une cause nouvelle de surabondance, celle-ci provenant du fait de l'homme. Nous avons mis en culture un million d'hectares de plus. En 1857 nous ne cultivions que six millions, nous en cultivons sept aujourd'hui; en 1862 la France a produit 100 millions d'hectolitres, 116 en 1863, 111 millions en 1864 et 95 en 1865, 62 millions de plus que la consommation nécessaire au pays pour ces quatre années. Cet excédant, au prix moyen de 19 fr. 25 c., qui est celui de ces quatre années, présentait une somme de onze cent quatre-vingt-treize millions cinq cent mille francs qui, malheureusement, n'a pas été réalisée, quoique cela eût été possible, car, il est vrai de dire, que bien qu'à bas prix, le blé a preneurs sur tous les marchés. Seulement, il y a lieu de supposer que, sortant des cours de.... 24.55 pour 1861;

De.................................. 23.24 pour 1862, le cultivateur n'a pu se décider à vendre au cours de .... 19.78 pour 1863;

De.................................. 17.58 pour 1864;

Et, enfin, de............................ 16.41 qui est celui de 1865.

Il faut certainement voir là une des causes de la gêne agricole, gêne à laquelle s'adjoint naturellement le haut prix de la main-d'œuvre dans les campagnes, et tel qu'il n'est plus en rapport avec la richesse des récoltes elles-mêmes.

Il y a plusieurs causes à cette augmentation des salaires. Je les déduirai tout-à-l'heure; mais, auparavant, je dois continuer d'énumérer et de mettre en faisceau celles qui, d'une part, poussent à l'augmentation de la masse de nos produits en blé, et, d'autre part, celles qui en ont diminué la consommation.

Parmi les causes qui atténuent en France la consommation du blé, et dont l'on ne tient peut-être pas assez de compte, doit figurer l'émigration de plus en plus persistante dans les villes, des habitants des campagnes. Arrivés là, ils se nourrissent de viande, ils mangent moins de pain. Dans un pays où il y a une population agricole de 26 millions, les déclassements ont toujours une importance qui réagit nécessairement sur les prix, et du blé et de la viande, dont l'un baisse en même temps que l'autre s'élève : c'est bien ce qui se passe sous nos yeux.

Tout concourt à ces émigrations des campagnes. Les propriétaires du sol les abandonnent pour les jouissances des villes; l'exemple porte son fruit. Que l'occasion le veuille;

que le soldat de la réserve ait à faire au chef-lieu du département son temps réglementaire; que le jeune ouvrier, charron, maréchal, maçon, charpentier, tailleur d'habits ou de pierres, l'apprentissage terminé, quitte une fois sa chaumière pour commencer son pélerinage du tour de France, il n'y reviendra souvent plus pour l'habiter, qu'à la fin de sa carrière, désillusionné, mais trop tard, des séductions qu'offre le séjour des villes. Les mœurs ont changé. A la vie paisible des tranquilles campagnes, a succédé le besoin d'agitation des grandes villes. Tout s'y porte, tout s'y rue, tout s'y abîme. Qu'on signale cet abus à la jeunesse, à l'âge viril même! Que peut-on faire à la campagne, répond-on? Est-ce au milieu de populations rurales et sans ressources que l'on fera fortune? Faire fortune!... C'est là le grand but, l'unique but, et l'on y marche, coûte que coûte! Comme les dépenses sont énormes dans les grands centres, à Paris surtout, les salaires y sont forcément dans la proportion des besoins. Ces hauts salaires tournent la tête aux travailleurs des campagnes qui vont s'y entasser et y souffrir.

Mais, souffrent aussi les champs de ces déserteurs qui leur enlèvent les services de leurs bras vigoureux et de leur consommation utile.

Tout vient donc à la fois entraver le prix du blé : les récoltes fécondes, le développement des quantités mises en culture, le perfectionnement des instruments aratoires, l'augmentation, la meilleure tenue des fumures, la pratique de la mise en terre du blé après plantes sarclées, l'emploi de la chaux sur les terres froides, en un mot, les progrès d'une agriculture mieux entendue, plus savante, et, parallèlement, une main-d'œuvre difficile, rare et coûteuse, toutes circonstances critiques à la situation du producteur du sol.

En regard de ces circonstances défavorables à la surélévation des prix du blé, il y aurait une compensation si la population augmentait; elle reste stationnaire. Il paraîtrait même que le nombre des enfants a diminué, dans la proportion de 8 à 7 par deux ménages, c'est-à-dire que, précédemment, les père et mère avaient quatre enfants, que ce nombre n'est plus atteint.

Ce qui précède doit suffisamment établir ce qui a, dans ces dernières années, amené la situation dont se plaignent si unanimement les cultivateurs de France.

Il était important d'en étudier les causes, important surtout d'en dégager le libre échange en raison du découragement qu'il était de nature à entraîner.

Ces causes se résument en ces points notables : abondance des récoltes, accroissement des cultures, consommation tout au plus stationnaire, sinon décroissante, espoir et attente de prix plus élevés, de cours auxquels une assez longue période de temps avait habitué; en fin de compte, cessation d'équilibre entre la production et la consommation.

Est-ce là une situation très-critique qui soit sans remède? Il me semble qu'il ne sera pas difficile de démontrer le contraire. Il y a un remède bien certain, qui se produira tout naturellement, l'on y peut bien compter. L'expérience atteste qu'après de très-riches, de très-abondantes récoltes, surviennent la plupart du temps des années médiocres, des moissons maigres, souvent désastreuses. Et cela n'est point étonnant. L'avilissement du prix du blé amène le découragement du cultivateur; il cesse d'entretenir le même train de charrues, il néglige ses terres, il maudit, en quelque sorte, l'abondance qui le ruine. Viennent, au contraire, des années stériles, il remue le sol, le défonce, n'en perd rien, soigne ses engrais, multiplie ses moyens de production, perfectionne ses instruments aratoires, stimule les capitaux qui s'offrent d'eux-mêmes quand l'agriculture prospère, qui la fuient dès qu'elle souffre. Voilà pourquoi la société tout entière est intéressée à ce que le prix du blé ne s'avilisse pas; le bas prix des grains engendre l'oisiveté, et l'abondance mal calculée la disette. C'est ainsi que l'on disait autrefois : « disette foisonne, » l'on pourrait dire aussi : « Abondance appauvrit. » L'abondance est le précurseur ordinaire de la disette : *inopem me copia fecit.*

En 1706, le septier de blé valait............... 7.89
En 1707, — — 6.99
En 1708, — — 10.05
En 1709, — — 44.55

c'est-à-dire, qu'en trois ans, il avait augmenté tout juste de de 643 0/0 ou, tout près de 6 fois et demie sa valeur. L'extrême bon marché des années précédentes avait amené ce prix excessif de 1709. La guerre n'y était pour rien. La guerre a peu d'influence sur les prix. C'est l'abondance des récoltes qui seule les fixe, en règle la hausse, en détermine la baisse. A la fin du XIVe siècle, de 1382 à 1410, le septier ne valut jamais plus de 6 fr. 85 c. de notre monnaie. Ce prix ne se maintint même pas dans les années 1411, 1412 et 1413. L'avilissement de ces prix extrêmes amena une cherté, une famine et une mortalité qui durèrent jusqu'en 1425, triste suite d'un excès d'abondance! Et, sans remonter à des temps historiques si loin de nous, et, pour ne nous rappeler que ce qui s'est passé de nos jours, qui ne se souvient de ces années fertiles qui inaugurèrent le règne du roi Louis-Philippe, qui l'accompagnèrent presque pendant toute sa durée jusqu'à la triste récolte de 1845? L'agriculture ne florissait point pendant cette longue période; aussi, tout était-il au commerce, à l'industrie. Mais arrive cette terrible crise de 1846. Combien de fortunes agricoles ne fit-elle pas? Tout est de pouvoir attendre.

Malheureusement les institutions de crédit ne s'y prêtent guère. L'on a créé chez nous le Crédit foncier, qui a prêté 450 millions à la propriété bâtie de Paris, 150 millions aux communes de France, et à l'agriculture combien? 50 millions, ce qui fait 4 millions par an. Or, l'on évalue le produit agricole annuel à cinq milliards de francs. C'est juste un prêt de 80 c. par 1,000 livres de rentes en bien-fonds et sur première hypothèque, avec toutes les prérogatives d'une loi exceptionnelle en faveur du Crédit foncier de France!

L'institution du Crédit foncier, créée pour libérer la propriété foncière des sept milliards de francs de la dette énorme qui l'écrase, aura en général pour conséquence, non la libération, mais la liquidation rapide de la propriété. Le débiteur qui a recours au Crédit foncier ne prend juste que ce qu'il lui faut pour acquitter intégralement ce qu'il doit, et il se garde bien de prendre davantage, puisqu'il paie environ 7 0/0 au Crédit foncier, au moyen d'un revenu de 3 à 3 1/2 0/0 seulement; de façon que l'on peut avancer que plus on emprunte plus on diminue son revenu. Or, je le demande de bonne foi, alors qu'il était si malaisé au propriétaire débiteur d'acquitter exactement les intérêts à 5 0/0, le pourra-t-il mieux faire aujourd'hui qu'à ces 5 0/0 il lui faut ajouter environ 2 0/0 pour l'amortissement, les frais de bureaux, la perte nécessaire sur la négociation des lettres de gage. Non, le Crédit foncier n'effectuera pas la libération de la propriété, mais il effectuera sa rapide liquidation. En effet, les décrets organiques du Crédit foncier mettent entre ses mains des moyens d'exécution de la plus grande rapidité. C'est une procédure abrégée, mais violente; le simple commandement vaut saisie, la saisie amène le séquestre, le propriétaire est dessaisi; six semaines après il est vendu. Il ne pourra même invoquer du tribunal le délai de grâce de l'art. 1244 du Code Napoléon, car la loi est une loi de rigueur et spéciale. C'est cette épée menaçante qui paralysera de longtemps l'essor des prêts du Crédit foncier à la propriété rurale. L'homme tient au champ qu'il a fécondé de ses sueurs, et il a peur de le compromettre en le donnant en gage à un prêteur rigoureux. La propriété bâtie inspire moins de souci. C'est là évidemment l'une des causes de la si grande différence d'importance entre les chiffres des prêts consentis par le Crédit foncier à la propriété urbaine et ceux à la propriété rurale. Le propriétaire rural, qui sait le danger qu'il encourt, ne va au Crédit foncier qu'*in extremis*, toutes autres ressources absolument épuisées.

Mais il faut reconnaître que les redoutables effets de ces expropriations rapides font aujourd'hui passer les immeubles dans des mains plus aisées. Il n'y a plus que des particuliers en mesure, par léur fortune, de se contenter d'un minime revenu, comme celui que donne la propriété rurale, qui se décident à l'acquérir, quand il y a de si nombreux modes de placement sûrs et bien autrement productifs. La propriété tombant entre des mains mieux outillées, munies de plus de ressources pécuniaires, est appelée à produire davantage ; de telle sorte que ce qu'auront perdu les individus sera compensé par ce qu'y gagnera la société tout entière. Ce sera, je pense, le plus clair des avantages qu'elle retirera de l'institution du Crédit foncier. Toutefois, l'on peut ajouter que l'emprunteur, par spéculation, y peut trouver son compte. Il n'est pas très-rare, en effet, de rencontrer des valeurs donnant 6 et 7 0/0, l'équivalent de ce que l'on paie au Crédit foncier, et cet emprunteur gagne son capital. Mais ce n'est que le propriétaire aisé qui puisse opérer ainsi, à coup sûr. A la vérité, ce n'était pas là précisement le but de l'institution; le Crédit foncier n'a donc pas répondu à l'attente de l'État, qui pourtant, à l'origine, l'a subventionné de 10 millions.

Il est bien entendu aussi que le Crédit agricole est tout à fait incapable de rien faire pour le cultivateur, qui ne peut se libérer qu'avec des produits à longue échéance, alors que le Crédit agricole exige des effets de commerce ayant au plus 90 jours.

Les cultivateurs, comme tous les autres ordres de producteurs, doivent compter, savez-vous sur qui ? sur eux-mêmes. Qui viendra à leur secours dans cette crise ? Eux-mêmes. Que les pouvoirs publics s'en préoccupent, que l'Empereur décide une enquête, qu'en résultera-t-il ? Sans doute des modifications de tarifs pour l'entrée et le transport par chemins de fer des engrais et des produits de culture, modifications qui tendront évidemment à rapprocher les prix du transport par chemins de fer des prix du transport par eau ; les voies ferrées faisant aujourd'hui payer 8 centimes ce qui ne coûte par la navigation qu'un centime par kilomètre et par tonne ; une plus grande sévérité pour la répression des fraudes dont les engrais artificiels sont trop souvent l'objet;

à côté de cette répression, des encouragements aux meilleurs fabricants de ces engrais, dont l'industrie encore récente offre un si vaste champ à la découverte de nouvelles matières fertilisantes; le sel mis à bas prix et très-abondamment à la disposition du cultivateur au moyen de combinaisons qui pourtant laisseraient en entier subsister l'impôt qui le frappe comme condiment de la nourriture humaine; des études sur l'hydrographie générale du pays, dans les applications qu'elle peut avoir à la transformation en prairies irrigables de ce qui aujourd'hui est exclusivement livré à la culture des céréales, tant est considérable l'importance de cette transformation, eu égard surtout au morcellement, à la division nécessaire de la propriété, par suite de la loi sur les partages; des ordres aux autorités pour la main tenue très-ferme à l'observation de l'art. 16 de la loi du 28 septembre 1791, en ce qui concerne le régime des eaux employées par les usiniers, et dont les services à l'industrie sont en général en si grande disproportion avec ceux qu'elles rendraient si elles étaient utilisées et appliquées aux irrigations des terres; certainement des efforts pour hâter, dans la limite du possible, la mise à fin de nos voies générales de communication; la canalisation de la Seine dans son cours inférieur, et de manière à mettre, en toutes saisons, Paris, centre de nos voies ferrées, en communication avec Londres, le plus gros marché de grains du monde; la construction d'un port central et de docks sur la Seine, où viendrait se vider le trop-plein de nos récoltes, ce qui serait assurément dans l'avenir l'un des grands moyens de parer à l'avilissement du prix du blé; des exonérations d'impôts en faveur des terres en côtes, aujourd'hui dénudées par les vents et les pluies, qui seraient plantées en bois et converties en pâturages. Pour favoriser cette transformation, d'un intérêt général, une aide puissante de l'État à prendre sur les cent millions de la loi sur le drainage. Dans un autre ordre d'idées une diminution progressive des droits d'enregistrement sur les baux à longue durée, dans le but d'en répandre l'usage. Également à propos une disposition législative, puisant son principe d'analogie dans le paragraphe 4 de l'article 2103 du Code Napoléon, et qui attribuerait au fermier un privilége sur l'immeuble, objet de son exploitation, pour la plus-value des améliorations opérées par lui, à la charge de se conformer aux formalités imposées dans ledit article à l'entrepreneur pour la plus-value résultant de ses travaux.

Observant que, dans une loi de cette nature, il y aurait intérêt à accorder au propriétaire débiteur, pour se libérer du montant privilégié de la plus-value, un délai pareil à la durée qu'avait le bail.

Ces considérations pour l'avenir ne sauraient manquer d'avoir quelque importance. Pour le présent, au moment de la crise, il me paraît évident que nulle autorité, quelle que puissante qu'elle soit, ne saurait maîtriser une situation qui découle de la nature même des choses, pas mieux qu'elle n'a jamais pu ni ne pourrait, lors d'une disette de grains et de mauvaises récoltes, en faire baisser les prix.

Mais quels moyens à mettre en pratique? Sera-ce, puisqu'il y a surabondance, de cesser de cultiver? Sera-ce de consommer davantage?

Cesser de cultiver, personne n'y songe. La terre est un gros capital qui, plus que tout autre, a besoin de produire. Non-seulement il y a là ce gros capital d'engagé, mais encore tout celui qui s'y rattache comme accessoire et qui, lui aussi, est immense : le bétail, les avances pécuniaires, les instruments aratoires. Et le personnel donc, qui est celui de presque toute la France, des trois quarts de la population du pays.

Il faut, de toute évidence, cultiver le sol, mais seulement il y faut asseoir des cultures qui soient en rapport avec les besoins de la société actuelle. Qui ne sait qu'il faut aujourd'hui, proportion gardée, moins de pain, plus de viande qu'il n'en fallait autrefois. A mesure que s'élèvera le niveau de la richesse publique, l'on consommera de moins en moins de pain et davantage de viande, et des substances alimentaires qui sont aujourd'hui le partage de la vie aisée.

Cette considération a son importance pour le producteur. Produire pour lui, en effet, n'est pas suffisant. Il doit s'efforcer de produire ce qui est de facile écoulement.

Or, que l'on consulte le tableau de notre commerce extérieur, l'on y verra ce que nous sommes obligés de demander à l'étranger. Les huiles, le chanvre, le lin y figurent pour des sommes considérables. Que, d'une autre part, l'on y étudie la production que l'on nous demande, que nous exportons, et toujours en quantités insuffisantes au désir et selon les besoins croissants de nos voisins. C'est là une des deux perspectives sous lesquelles on doit envisager la solution du problème agricole. Produire autrement, produire autre chose que des céréales, ne point produire exclusivement des céréales, comme cela a lieu en France. Produire aux moindres frais, supprimer la main-d'œuvre, quand on le peut. Il y en a eu un exemple très-frappant dans l'un des cantons de l'arrondissement de Saint-Amand (Cher), celui de Sancoins. Un cultivateur avait pendant plus de vingt ans tenu à ferme une propriété moyennant 3,000 fr.; il produisait du blé, du blé, toujours du blé, et il avait même la réputation d'être très-habile à le produire. Il meurt en 1849; le propriétaire a alors la pensée de distraire de sa propriété toutes les terres exclusivement propres aux céréales. Il en vend pour 84,000 fr.; il ne garde que les prés et les terres pouvant fournir de l'herbe. Ainsi lestée de ces 84,000 fr. de terres à blé, ne faisant plus désormais que de la viande, par suite d'une simple transformation de produits, la même propriété est affermée aujourd'hui 5,000 fr., c'est-à-dire qu'elle produit deux tiers, soit 66 0/0 de plus qu'elle ne donnait en grains. Ce fait n'est point unique, il s'est reproduit depuis dans toutes les circonstances analogues.

L'on objecte que l'on ne fait point produire au sol ce que l'on veut; que l'on ne fera pas des herbages dans un pays de plaines, de la vigne dans des marécages. Cela est bien clair, et alors, quand la nature du terrain ne comporte que des graminées, il n'en faut cultiver que ce qui peut être très-abondamment fumé. Avoir beaucoup de produits, peu de frais de main-d'œuvre. Se pénétrer sans cesse de cette double nécessité : *d'atténuer les frais tout en soutirant du sol la plus grande masse de produits.* Sur les terres restées libres, faire alors des menus grains, des sarrasins, des millets, des cultures presque sans façons, des moissons à la faux volante, sans frais. Appliquer à la nourriture du bétail, de la volaille, les menus grains de ces récoltes dérobées. L'Angleterre, notre voisine, accapare les œufs, le beurre, la volaille que produit la grasse Normandie. Ces denrées venaient à Paris autrefois; aujourd'hui elles alimentent Londres. Le tableau du commerce extérieur, publié par l'administration des douanes et qui va jusqu'au 31 mars, constate que pour ces trois articles, beurre, œufs et volailles, nous recevrons cette année, en numéraire, de l'Étranger, une somme de 22 millions 426 mille francs. N'y a-t-il pas jour à ces produits utiles, car il faut à Paris des œufs, du beurre, de la volaille. Peu importe la nature de la chose produite, pourvu que le revenu de la ferme soit satisfaisant, soit supérieur à celui donné par le blé. Ces modifications sont, du reste, de l'ordre le plus pratique.

Mais le point de vue essentiel pour le succès, c'est d'avoir toujours présents sous les yeux les deux termes de la même proposition : *produire les articles demandés, et les produire sans frais, c'est-à-dire, aux moindres frais.*

En effet, quoique le libre-échange, comme nous le disions, n'ait eu aucune action directe sur l'abaissement du prix du blé, il n'en est pas moins toujours là comme une menace pour agir. Il n'attend que le moment favorable.

Que l'on consulte les tableaux d'exportation des céréales en Russie, la Russie, ce grand grenier de l'Europe, qui produit du blé en quantités illimitées, l'on y verra que, dans nos années d'abondance, son exportation diminue dans des proportions considérables, qu'elle augmente, lorsque nos moissons sont maigres.

En 1861, son exportation en céréales était de :

	70,000,000 de roubles, soit	Fr.	280,000,000
En 1862,	54,416,370	—	217,665,480
En 1863,	44,201,913	—	176,807,652

En 1864, les chiffres descendent encore. En présence de ces documents, que l'on se donne la peine de réfléchir à la quantité énorme de céréales qui doivent être entassées dans les greniers de cette grande métropole des grains du monde, et l'on jugera que, survînt-il même chez nous des années médiocres, le blé ne pourrait atteindre les prix déplorables de 1846, de 1855, 1856 et 1857, alors qu'il valait jusqu'à 35 fr. l'hectolitre, années cruelles, moissons maudites, qui font, j'en conviens, la fortune de quelques cultivateurs aisés, mais la misère, la détresse, le désespoir de presque toute la population des villes et des campagnes.

C'est au souvenir de ces calamités publiques que l'on est tout étonné d'entendre murmurer contre l'abondance qui ruine. L'homme oublie vite, ou plutôt il est insensible ; c'est l'un ou l'autre à choisir. Ceux qui ont souffert en gardent, eux, un douloureux souvenir. Aujourd'hui leur voix n'est pas sans autorité ; ils feraient entendre leurs plaintes si l'on relevait les tarifs, si l'on revenait à l'échelle mobile, en supposant que ce fût possible, au point de vue économique et national.

La liberté des échanges est un grand principe, un principe civilisateur, non pas seulement commercial. Il doit, dans une mesure considérable, contribuer à la paix entre les nations, c'est-à-dire à l'ordre universel, au bien être de la grande famille humaine. — L'institution du libre-échange sera une des gloires de notre siècle, qui a fait de si grandes choses. Il donnera la paix aux États, l'aisance aux Peuples ; il soulagera les armées, les impôts ; les traités politiques qui durent sont les traités qui sont basés sur les intérêts réciproques des nations. L'histoire enseigne tout : elle est, comme l'a dit un sage, *magistra vitæ*, l'*enseigneuse*, le *guide de la vie*. Qu'on la consulte, pusqu'elle dit vrai. Ne nous montre-t-elle pas l'alliance étroite de l'Angleterre avec la Flandre pendant les XIIIe, XIVe et XVe siècles, basée sur cet unique fondement, à savoir, que l'Angleterre fournissait la laine qu'ouvraient les industrieuses cités de Flandre?

D'où vient donc que la Guyenne, cette riche province de France, appartint 300 ans consécutifs aux Anglais, et qu'après avoir été reprise par Charles VII elle se souleva; que Bordeaux ouvrit ses portes aux ennemis du royaume? Tout simplement parce que la Guyenne écoulait facilement ses vins en Angleterre. Et aujourd'hui, sous nos yeux, qu'est-ce qui fait que le Portugal est en quelque sorte une province anglaise? Exactement par le même motif. Le Portugal produit en quantité considérable des vins chauds très-convenables au tempérament froid et lymphatique de nos voisins qui ne sauraient s'en passer. L'alliance des Anglais et des Portugais est fondée sur des besoins si sérieux, au préjudice des intérêts de la France, que, malgré le traité de commerce que nous avons, il se passera du temps encore avant que les Anglais ne donnent la préférence à nos généreux vins qui, par leur incontestable supériorité, la méritent pourtant si bien. Ainsi, ce sont les besoins réciproques des peuples qui cimentent les solides alliances. Ce n'est pas impunément que les pouvoirs publics chercheraient à les détruire. Le libre-échange sera donc, qu'on s'y attende, certainement respecté. Les hommes d'État les plus considérables, les plus illustres économistes, chez nous l'Empereur à leur tête, y ont attaché leurs noms. Ces hommes d'État tout puissants ne déchireront pas de leurs mains l'un des titres les plus éclatants, les plus populaires, les mieux mérités, le plus péniblement acquis à l'estime que fera d'eux l'histoire.

Mais, comme on l'a vu, le libre-échange n'a eu, jusqu'ici, qu'une action indirecte sur l'abaissement du prix du blé. Son action ne deviendra directe que lorsque nos récoltes seront insuffisantes, que les prix, chez nous, seront trop élevés. C'est là le grand mérite du libre-échange : de ne point nuire et de servir.

Que la culture se pénètre de cette vérité, que c'est l'abondance ou la pénurie des moissons qui fixe partout et inévitablement les prix. Il n'en peut être autrement si l'on réfléchit aux dépenses qu'entraîne avec elle la navigation. Que l'on en juge par celles d'un des navires transatlantiques que subventionne l'État dans les comptes généraux duquel, chaque voyage en Amérique, pour l'aller et retour, est fixé à la somme de 260,000 fr. Ce simple renseignement doit suffire, pour péremptoirement démontrer que les importations étrangères ne sont qu'un pis-aller, une ressource *in extremis*, car elles seront toujours nécessairement acquises au moyen de très-grands sacrifices. Je veux bien admettre que la navigation ait fait des progrès, mais il en est de la main-d'œuvre des matelots comme de toute autre industrie : les salaires ont augmenté. Le combustible, par la même raison, est à un prix supérieur, puisqu'il faut aussi des bras pour l'extraire des entrailles de la terre. Tout se lie, tout se suit, tout s'entraîne. C'est ainsi qu'après avoir fait le tour d'un pays, les grèves, pour le renchérissement des salaires, finissent, en dernière analyse, pour ceux qui les ont faites, à n'aboutir à rien, puisque l'augmentation des salaires obtenue a donné naissance à une surélévation du prix de toutes choses.

De ce qui précède, l'on peut conclure :

1° Que l'abaissement considérable du prix du blé en France a dépendu essentiellement de l'abondance et de la qualité des dernières récoltes, et de la plus grande quantité d'hectares mis en culture; que la production des dernières années a dépassé les besoins de la consommation; que le cultivateur, en un mot, gémit aujourd'hui sous le poids de l'abondance;

2° Que la consommation du blé, en France, tend, grâce à l'augmentation du bien-être dans le pays, à insensiblement décroître;

3° Que la population semble rester stationnaire ;

4° Que le libre-échange n'a eu jusqu'à présent, et au prix

de 16 fr. 41 c. l'hectolitre, qu'une influence indirecte sur les bas cours du blé, mais qu'il aura une influence sur les prix quand ils atteindront une hausse capable de laisser une marge suffisamment rémunératrice des dépenses du frêt étranger augmentées du droit d'entrée selon pavillon;

5° Que les souffrances de l'agriculture proviennent surtout du haut prix des salaires; que le haut prix des salaires dans les campagnes tient évidemment à ceux élevés qu'obtiennent les ouvriers des villes où s'exécutent de grands travaux; circonstance pourtant bien remarquable pour le politique, qui voit sympathiquement s'accomplir sous ses yeux le grand travail de notre siècle, qui est, ainsi que l'a dit un illustre économiste, aujourd'hui sénateur, qui est d'étendre le bénéfice de l'émancipation à la seconde moitié du tiers-état, aux classes ouvrières des campagnes et des villes.

6° Et enfin, qu'il faut s'appliquer à réaliser des produits donnant lieu aux moindres frais, ou faire en blé peu de terre, mais la faire dans les conditions du plus abondant et du meilleur produit.

MOYENS PRATIQUES.

Il me reste à exposer un aperçu qui n'est peut-être pas sans quelque valeur. Le pain entre pour la part la plus considérable dans l'alimentation des habitants de la campagne; on l'y fait, en général, de grains inférieurs, d'un peu de blé, beaucoup d'orge et de seigle, souvent d'orge et de seigle seulement, sans addition de blé. Cela se pratique ainsi dans la plupart des métairies du centre de la France. Cette nourriture défectueuse a, de plus, l'inconvénient de faire une rude concurrence au prix du blé. Excellente pour le bétail, elle est débilitante et alourdit les hommes. Ne serait-il pas préférable pour le fermier, même pour le colon partiaire, de vendre l'orge qui a une application industrielle très-répandue pour la fabrication de la bière, et qui, en conséquence, se place toujours avec la plus grande facilité et dans des prix fort avantageux, et de conserver, pour la nourriture de la métairie, le blé pur et le meilleur de la ferme. L'expérience enseigne qu'il y a notable économie à consommer le meilleur grain possible. Quand le pain est de première qualité, on le ménage, on ne le prodigue pas. Comme les hommes travaillent souvent dans des champs éloignés des habitations, et qu'ils y apportent leurs provisions, il est essentiel que le pain soit excellent. S'il est de mauvaise qualité, les ouvriers le négligent, n'en prennent pas soin, les chiens le flairent, il est perdu. D'un autre côté, l'emploi de ces céréales compromet, en l'abaissant, le prix du blé et, qui plus est, dégoûte souvent les ouvriers qui ont habité les villes de venir s'occuper à la campagne. Ils font fi du pain noir. Je prends, à témoin de ce que j'avance, tous ceux qui ont employé ou qui emploient des ouvriers ayant autrefois habité la ville ; j'en prends à témoin ces ouvriers eux-mêmes. Ainsi, l'usage de ces grains inférieurs a un triple et notoire inconvénient ; on doit le proscrire.

En regard de cette indication d'un moyen si naïvement et si simplement pratique, et, pour être conséquent en tout avec les faits qui précèdent, et desquels il résulte qu'à des récoltes abondantes, ruineuses par leur abondance même, succèdent malheureusement, fatalement, inévitablement des récoltes mauvaises, et qui amènent avec elles des surenchérissements de prix quelquefois excessifs, il y a pour le cultivateur un immense avantage à pouvoir conserver, sans beaucoup de frais, le blé qu'il a de disponible. L'on a inventé, il est vrai, des greniers mobiles ; mais ce ne seront que de riches propriétaires, de gros fermiers, qui feront d'ordinaire ces dépenses. Le métayer, à coup sûr, ne l'essayera pas plus que le petit propriétaire, et cette dernière classe est de beaucoup la plus nombreuse. Il faut donc procéder plus économiquement. Eh bien ! il y a un moyen aussi simple qu'ingénieux. Voilà en quoi il consiste : En construisant le grenier, on laisse, dans l'épaisseur des parois parallèles des murs, des orifices dans lesquels on introduit des tuyaux de drainage que l'on peut, bien entendu, fermer à volonté. C'est une ventilation très-puissante, un préservatif excellent contre l'intrusion des ennemis naturels du blé, pourvu que l'on se donne la peine, si minime, d'y donner l'œil à propos : quand il fait humide, par exemple, de boucher les tuyaux, de les ouvrir quand il fait sec. Le moindre bon sens indique, du reste, le parti à tirer d'un engin si économique, d'un instrument sous la main de chacun, et que l'on peut appliquer aussi bien dans les greniers anciennement construits que dans ceux que l'on veut construire. Cette ventilation chasse la poussière qui renferme les germes destructeurs du blé : elle produit les meilleurs effets. Les tuyaux de drainage que l'on choisira ne devront pas être d'un trop fort calibre ; car, dans les services qu'ils rendent pour chasser les eaux, l'on a pu observer que les tuyaux de fort calibre ont l'inconvénient de s'obstruer ; que ceux de moindre calibre ne l'ont pas. En effet, dans les tuyaux à moindre calibre, l'eau entrant avec plus de force, en chasse les matières étrangères ; au lieu d'eau, ces tuyaux pousseront de l'air. Plus la colonne d'air sera serrée, plus elle aura de force. C'est même, en passant, la théorie physique sur laquelle repose la bonne conduite d'une cheminée qui fume ou ne fume pas, selon que les deux colonnes d'air qui alimentent le foyer, l'une d'air chaud qui monte, l'autre d'air froid qui descend, sont plus ou moins serrées. Plus elles sont serrées, plus il y a de tirage dans la cheminée et point de fumée. C'est d'une application bien simple, et pourtant que d'habitations incommodes et nuisibles même par l'ignorance ou l'inobservation de cette simple loi physique.

C'est par tous les moyens qui convergent vers le même but que l'on peut, que l'on doit arriver à la solution du problème, à savoir la hausse du prix du blé dans certaines limites, tant cette hausse importe au bonheur de la société tout entière.

En 1756, le Berry, que Mirabeau le père avait, dans son livre l'*Ami des Hommes*, comparé aux landes de Gascogne et nommé la Sibérie de la France, était plongé dans la misère la plus déplorable : point de commerce, point de numéraire, point de travail pour les malheureux; ils mendiaient. Le blé s'y vendait seize sols le boisseau de 25 livres, le vin deux liards la bouteille, et toutes les autres denrées en proportion.

Quoique heureusement les temps aient changé, grâce aux progrès et aux faciles communications qu'ont entre eux les hommes, aucun enseignement de l'histoire ne doit être perdu. C'est pourquoi nous voyons les pouvoirs publics se tant préoccuper de la situation, et préparer les voies d'une vaste enquête nationale. Il n'y a pas que le vif éclat de la lumière du soleil, sur la terre; les moindres lueurs dissipent parfois l'obscurité; d'ailleurs, chacun se doit au pays, heureux s'il peut le servir! Aussi, tous les moyens doivent être exposés.

Dans ce qui précède, sous une forme concise, j'ai dit: « La viande croît, le blé décroît, » constatant la tendance de notre temps à une plus forte consommation de viande, à une moindre consommation de blé. Cette tendance a été saisie déjà depuis longtemps par des cultivateurs judicieux qui, tous, se sont enrichis en suivant le cours de cette impulsion. Partout où ils ont pu faire de l'herbe, de la nourriture pour le bétail, ils ont supprimé les céréales; ils ont nourri ou engraissé. Tous ont réussi. N'est-ce donc pas une voie toute tracée? Elle était du reste indiquée, dès 1843, par M. le comte d'Angeville, l'auteur de la loi célèbre qui porte son nom. Il estimait à 100 francs l'accroissement de revenu que la conversion en prairies peut donner à chaque hectare.

Il n'est pas si difficile que l'on croit de donner, relativement au produit, des succédanées au blé. Une terre bien préparée pour le blé, bien fumée, sera d'un excellent revenu cultivée en fèves, en féveroles. La féverole est un stimulant très-énergique pour les chevaux de fatigue; les fiacres de Paris le savent si bien que, dans certains moments de presse, ils en achètent de leurs deniers. Elle s'emploie aussi dans l'industrie : on en mélange la farine dans une certaine proportion à la farine de blé. C'est ce mélange qui donne au pain de Clermont-Ferrand une qualité si justement appréciée.

Aussi, depuis quelques années, s'est-il établi des usines extrêmement considérables qui font exclusivement la mouture de la féverole, notamment en Bourgogne. Le cultivateur sera toujours sûr de vendre pour Dijon toutes les quantités qu'il aura produites, et à des prix certainement très-rémunérateurs. Il n'y a plus de difficultés pour les transports ; tous les chemins de fer communiquent désormais entre eux. La culture des plantes oléagineuses, quelles qu'elles soient, celle du chanvre, des deux avoines, dont il n'y a jamais assez, puisque notre midi n'en produit pas, la pomme de terre, dont la race s'éteint, celle de Hollande surtout, sont des produits d'un placement assuré, toujours avantageux. Que l'on n'oublie point, non plus, les graines à ensemencer, pour le prix desquels l'étranger nous payera cette année 14 millions 160 mille francs.

Tout ce qui germe à la place destinée au blé en augmente forcément, nécessairement le prix. L'orge est également une céréale industrielle, par conséquent bonne à faire; d'ailleurs, les excédants peuvent être très-fructueusement convertis en farine et appliqués à l'élève du bétail.

En Normandie, en Picardie, aux environs de Paris, l'on met en usage un excellent procédé pour l'éducation des veaux : dès qu'ils sont nés, on leur donne à boire dans un vase où l'on verse le premier lait de la mère; quelques jours après. on diminue la quantité de lait pour y substituer de la farine d'orge, que l'on noie dans de l'eau bouillante où avait été préalablement jeté une pleine main de foin odorant et de première qualité, retiré avant le mélange. C'est ce que l'on appelle le thé de foin. Ce thé de foin supprime bientôt complétement le lait, et le supprime d'une façon très-avantageuse; il permet, en effet, d'augmenter à volonté, de jour en jour, la nourriture du jeune animal. C'est à ce procédé que l'on doit ces veaux énormes qui, seuls, sont de taille à alimenter la boucherie de Paris. On peut l'employer partout ; il est aussi simple qu'il est productif; le tout est d'y apporter du soin. Que de choses l'on pourrait faire, que l'on ne fait pas ! Quelle masse de richesses restent enfouies par cela seul qu'elles sont ignorées! Il serait si facile pourtant de vulgariser les bons procédés, et chacun y a un tel intérêt! Je parle en citoyen d'un pays plein de ressources, ressources qui ne restent que trop souvent à l'état obscur, faute d'un jet de lumière pour en éclairer l'emploi.

Toutes les idées qui ont trait à l'amélioration du sort du cultivateur, du fermier, ont leur importance et se rattachent ainsi à la solution du problème qui nous occupe. Personne n'ignore que le Corps Législatif a voté une loi sur les chèques.

« Le chèque, dit l'art. 1er, est l'écrit qui, sous la forme « d'un mandat de paiement, sert au tireur à effectuer le re- « trait, à son profit ou au profit d'un tiers, de tout ou partie « des fonds portés au crédit de son compte chez le tiré et dis- « ponibles. »

L'esprit de cette loi est d'utiliser tous les fonds du pays, de n'en laisser aucun d'improductif. Cette sage habitude a eu en Angleterre les meilleurs effets, et l'expérience de nos voisins nous aura servi. Est-ce à dire que le fermier aura toujours sous sa main une maison de banque recevant des fonds et délivrant des chèques? Non, assurément; mais ce que pourra avoir sous sa main le fermier, pour ne point perdre l'intérêt des sommes qu'il aura de disponibles, en attendant le paiement de son fermage, ce sera des obligations de la compagnie du chemin de fer qui sera dans son voisinage. Toutes les compagnies ont créé des obligations qui portent avec elles leur intérêt et quelque chose de plus. Ces obligations, créées à 3 p. 0/0 d'intérêt, en rapportent effectivement 5. Le preneur a en outre chance de gagner les deux cinquièmes de son capital. Cette chance même est une certitude, puisque ces obligations sont toutes, jusqu'à la dernière, remboursables à 500 fr. Prenons pour exemple la compagnie d'Orléans : elle a des obligations qui, dans les premiers jours de janvier, coûtaient 300 francs et qui rapportent 15 francs d'intérêt annuel. La compagnie procède en outre, chaque année, à un tirage d'un nombre considérable d'obligations qu'elle rembourse à 500 francs, de telle sorte qu'il y a tout avantage à prendre cette sorte de valeurs, puisqu'elles portent leur intérêt accru des chances du remboursement. Aussi, qu'arrive-t-il? C'est qu'une obligation qui, le 2 janvier, n'a coûté que 300 francs, vaut aujourd'hui, à peine après deux mois (7 mars), 306 fr. 75 c. Sans la prime de remboursement, et au 5 p. 0/0 réglementaire, cette obligation vaudrait juste 302 fr. 81 c.; en neuf semaines elle a gagné 3 fr. 94 c.; en six mois, elle doit selon probabilités, être aux environs de 318 francs. Un billet de 1,000 francs inoccupé pendant six mois, jusqu'à l'époque du paiement du fermage, rendrait une cinquantaine de francs. Il ne faut rien négliger: les gares sont à proximité de tout le monde, et chacune délivre des obligations de sa compagnie. Qui empêcherait, d'ailleurs, les propriétaires de recevoir comme espèces, au cours du jour de l'échéance de leurs fermages, ces excellentes valeurs? N'ont-ils pas intérêt à favoriser ceux qui font valoir leurs terres?

La valeur de la propriété dépend de ce qu'elle rapporte. Elle rendra d'autant plus que le propriétaire sera plus facile, qu'il consentira des baux à plus longue échéance, qu'il abritera de son crédit les efforts tentés par son fermier pour améliorer, et souvent modifier le mode d'exploitation des terres.

Dans les départements du centre, en Berry, dans la Nièvre, dans l'Allier, partout où l'on a pu, à la culture des céréales, substituer l'embauche du gros bétail, le prix des fermes, en moins de vingt ans, s'est accru dans la proportion de 1 à 4, de 1 à 5, et quelquefois de 1 à 6, et cette industrie a enrichi tous les fermiers; seulement, elle exige un très-gros capital à la fois et, de plus, elle fait courir des risques que nulle assurance sur la vie des animaux ne serait assez osée pour sérieusement garantir. La désastreuse épizootie qui sévit en Angleterre, en Belgique, qui heureusement a reculé devant les mesures énergiques prises chez nous par l'État, justifie les gains légitimes de cette industrie, si terriblement éprouvée dans ces deux riches contrées. Elle apprend de plus l'extrême importance des efforts combinés du propriétaire et du fermier pour conjurer, dans les limites du possible, les effets de si grands désastres. Qu'on mette à profit les leçons de l'expérience; qu'on se rende compte des modifications que nécessitent les habitudes du temps où nous vivons, et il n'y a si grandes difficultés dont on ne vienne à bout.

L'on peut prévoir désormais l'étendue du prix des céréales, l'avenir du prix du blé. Le libre-échange restant, et il ne peut être supprimé, — le suffrage universel ne permettrait pas la suppression, — le prix du blé en Europe, dans le monde entier, reste subordonné dans chaque contrée presque au prix de revient augmenté des frais de transport. Or, si le prix de revient doit, en tout pays, tendre à s'élever, les frais de transport, par les progrès de la navigation, la concurrence entre les matelots de toutes les mers, la naissance de marines qui n'existaient pas autrefois, les chemins de fer qui sont partout, qui prennent les marchandises partout, qui règlent, nivellent les prix de toutes choses, surtout des choses pesantes comme le blé, ces frais de transport, qui sont une partie même du prix de la denrée, étant faibles, élèvent modérément les prix.

L'on peut dès-lors, et dès à présent en quelque sorte, affirmer que la France paiera toujours son pain à un prix relativement égal et modéré; mais à une condition : c'est qu'elle cultivera toujours approximativement la quantité d'hectares déterminée ci-dessus, qu'elle ne changera pas le moins du monde son mode de culture, pas le moins du monde son système, ses habitudes de nourriture en grains inférieurs, sarrasin, orge et seigle ; car si tout cela était changé, si, au lieu de sept millions d'hectares, elle parvenait à en cultiver moins, à en soustraire une partie à la culture du blé, à transformer son produit; si, d'autre part, elle consommait le blé en quantité plus considérable, il est hors de doute que les prix s'élèveraient de suite. La venue du blé étranger n'aura d'action efficace que lorsque la France éprouvera un déficit par trop important. C'est la récolte faite sur le sol français qui détermine le prix. Les économistes et les hommes d'État évaluent la consommation à peu près à quatre-vingt-dix millions d'hectolitres. Cette évaluation est vraisemblablement extrême;

car en 1864, l'année qui a suivi la récolte de 1863, la plus abondante du siècle, alors que tout le monde a pu manger du blé froment pur, sans mélange, la consommation n'a été que de 75,391,000 hectolitres; évaluation vraie, si l'on ajoute 14,200,000 hectolitres pour la semence.

Dans l'état de choses et du fonctionnement régulier du libre échange, des quantités et du mode de nos cultures et de notre mode d'alimentation dans les campagnes, et de l'Egypte, qui fait du coton au lieu de blé, et du coût du frêt pour les grains venant d'Amérique et de la mer Noire, tout pesé, tout examiné, il y a lieu de supposer que le prix de l'hectolitre de blé en France sera au prix moyen de 20 fr., un peu plus même au-dessus qu'au dessous.

C'est un prix convenable pour tous qui fera cesser les plaintes des producteurs, et qui ne saurait effrayer les consommateurs. Que le producteur envisage de plus la facilité qu'il a déjà, qu'il aura de plus en plus d'écouler ses excédants sur le marché de Londres, le plus gros du monde. Pour cela, que faut-il? Le commerce fluvial et les mariniers, malgré les grands travaux qui ont si heureusement amélioré le régime de la Seine dans l'intérieur de Paris, malgré l'élévation des tabliers des ponts, la meilleure disposition de leurs arches, des pertuis et hauts fonds, n'ont-ils plus rien à désirer? Qu'on réfléchisse que le bassin de la Seine reçoit à lui seul dans Paris 1,429,485 tonneaux, sans y comprendre les arrivages et les embarquements sur les ports des canaux Saint-Denis et Saint-Martin. Ces chiffres sont ceux de 1865. Ils sont très-considérables, si on les rapproche de ceux fournis par les tableaux de l'administration des douanes dans l'enquête sur la marine marchande. Il a été dit que la France entière, Marseille, Bordeaux, Nantes et le Havre réunis peut, chaque année, donner 1,200,000 tonneaux de sortie. Il est vrai que dans les 1,429,485 tonneaux de la traversée de Paris, les arrivages figurent pour :

Tonneaux	1,325,237
Et les embarquements, pour	104,248

Mais ces chiffres n'en ont pas moins toute leur éloquence, et on leur reconnaîtra, certes, une très-grande portée.

Tout aboutit à Paris, centre de nos chemins de fer, qui y peuvent amener les blés des départements intérieurs, et ce sont précisément ceux de toute la France où il soit au meilleur marché. Les départements frontières ont la ressource du marché extérieur qui manque aux départements du centre.

Un grand port d'embarquement sur la Seine, dans la traversée de Paris, répondrait à ce besoin que révèle le mouvement ascensionnel et considérable qu'a pris depuis plusieurs années l'exigu port Saint-Nicolas, au pied du Louvre. Une grande production nécessite de vastes débouchés, sans lesquels se tarirait bientôt la source des produits. Eh bien, quel plus grand débouché pour le blé que le marché de Londres, si heureusement relié à Paris par une courte navigation, les deux plus grandes, les deux plus riches villes du monde, aux portes l'une de l'autre, sages dans l'oubli du passé, désormais rivales seulement dans le champ clos de la science et du travail!

Deux chimistes éminents, MM. Dumas et Boussingault, viennent de prendre l'initiative de ces luttes fécondes. En même temps qu'ils ont trouvé des désinfectants très-puissants, très-abondants, et, par conséquent, d'un prix très-modéré, l'acide phosphorique et les phosphates de magnésie et de fer, ils ont vulgarisé par là un prodigieux élément de fécondité du sol. Au moyen de ces désinfectants, l'on conservera désormais au fumier de ferme toute la valeur qu'il renferme. Cette donnée scientifique résout l'un des problèmes les plus difficiles de l'agriculture pratique, sans cesse préoccupée des assolements successifs pour l'utilisation immédiate des fumiers au fur et à mesure de leur production, et avant leur décomposition.

Que le cultivateur ne perde pas de temps, qu'il agisse. Il y avait un droit frappant le guano. Depuis trois mois, il a été réduit de moitié. La Chambre, les Conseils généraux demandent la suppression du reste; le Gouvernement la désire, de son côté; elle aura donc lieu. Tout ce qui tend à l'amélioration et à l'abondance des fumures tend, on ne le saurait trop répéter, à la diminution du prix de revient des produits, des frais de culture. Il est clair que si un hectare donne le double, sans augmentation de main-d'œuvre, en même temps qu'il fait le bien-être, l'aisance du producteur, il fait l'aisance et le bien-être du consommateur. Si, à côté de cette production considérable, se trouve un immense débouché, toujours ouvert, quels autres souhaits pourrait-on faire ?

La liberté commerciale, même avec les restrictions nécessaires que comportait son pénible enfantement, depuis moins de cinq ans qu'elle existe, a déjà donné, non pas seulement d'incalculables espérances, mais des résultats réels qui se traduisent par une augmentation de la richesse nationale, due à l'augmentation importante et progressive de notre commerce avec l'étranger. En présence des chiffres produits de toutes parts, les partisans les plus véhéments de la protection se recueillent. Comme ce sont, en général, des hommes d'expérience pratique, bientôt ils reconnaîtront, eu égard aux résultats acquis, que ces économistes politiques, si longtemps décriés comme utopistes, avaient pourtant raison, tant il est vrai que les utopies d'aujourd'hui deviennent souvent des vérités de demain.

La France n'est jamais la dernière des nations à expérimenter les voies nouvelles. C'est sa destinée de tenter pour tous et de convaincre. Elle donnera libéralement aux générations le pain du corps, comme dans sa justice, elle leur a autrefois libéralement donné cet autre pain de vie, l'égalité des droits et des devoirs!

CONCLUSION.

L'agriculture est une industrie; elle est en même temps une science. Comme industrie, elle se développe au milieu d'un monde de détails dont aucun ne doit être négligé. Comme science, c'est-à-dire comme marchant du connu à l'inconnu, elle profite des découvertes qui se produisent dans le domaine de la science pure, mais il lui appartient de les appliquer. Elle doit, en outre, se tenir au courant des causes qui peuvent avoir une influence sur ses produits. Ces causes, dans un temps de transformations comme le nôtre, sont si multiples, que l'agriculteur, pour réussir, ne saurait rester étranger aux faits nouveaux d'ensemble qui surviennent. Les changements opérés répondent en général à un immense besoin de bien-être dont la manifestation se produit partout. N'est-ce pas un grand encouragement à celui qui détient le sol, d'où sortent toutes les choses nécessaires à la vie, à la vie la plus simple comme à la vie la plus opulente? ayant entre ses mains l'instrument de travail par excellence, puisqu'il est constamment perfectible et qu'il ne fait jamais défaut; plus favorisé que le reste de la nation, appelé, lui, à se suffire au moyen des seules forces que procurent l'activité et l'intelligence; que l'agriculteur mette à profit son rôle dans la Société, qu'il s'applique, qu'il s'ingénie à produire. Dans le temps où nous vivons, à peine un produit est-il éclos qu'il trouve un preneur; seulement, il est à propos d'observer que la variété en augmente singulièrement la valeur et le prix.

Ce qui a été exposé ci-dessus, en même temps qu'il démontre cette vérité, indique certains moyens d'y pourvoir. Que chacun s'efforce dans la sphère de son activité; il sera utile. L'utilité n'est-elle pas, en dernière analyse, la fin de toutes les forces vives d'une nation, la mesure de sa richesse dans l'avenir, et par conséquent bientôt celle de sa puissance?

A. JOLLET — IMP. BOURGES.

www.ingramcontent.com/pod-product-compliance
Ingram Content Group UK Ltd.
Pitfield, Milton Keynes, MK11 3LW, UK
UKHW021036260726
13994UKWH00005B/2181

9 782329 349886